DE

L'AMÉLIORATION

DES LANDES,

ET

DU CANAL PROJETÉ

DE BORDEAUX A BAYONNE.

VŒU

D'UN SIMPLE HABITANT DES LANDES.

A BORDEAUX,

CHEZ LAVIGNE JEUNE, IMPRIMEUR DU ROI ET DE S. A. R. Mgr. LE DAUPHIN, RUE PORTE-DIJEAUX.

DE L'AMÉLIORATION DES LANDES, ET DU CANAL PROJETÉ DE BORDEAUX A BAYONNE.

VŒU D'UN SIMPLE HABITANT DES LANDES.

Un écrit récemment publié, intitulé : *des Landes et du Canal du duc de Bordeaux*, vote d'un *simple électeur, habitant des landes*, fixe en ce moment l'attention publique.

Le *Mémorial Bordelais*, dans son numéro du 2 Avril, en annonçant cet écrit, présente quelques réflexions et des doutes fort raisonnables sur les résultats du canal projeté, et sur la facilité prétendue de fertiliser les landes.

Un abonné, dans le numéro du 4 et 5 Avril, entreprend l'apologie du canal et donne une idée favorable des avantages qu'on doit en attendre.

Enfin, dans le numéro du 12, nouvelle lettre de l'électeur des landes, (Lipostey, 7 Avril), qui nous annonce un autre projet de canal dans la vallée de l'Adour, pour faire remonter la navigation de ce fleuve, de Saint-Sever vers Tarbes, au pied des Pyrénées, proposé par le général Lamarque.

A cette occasion, il revient encore sur le canal de Bordeaux à Bayonne, et le rédacteur du *Mémorial,* entraîné par la perspective séduisante que présente le nouveau projet du canal latéral à l'Adour, dont il énumère avec complaisance les heureux résultats, finit par conclure en faveur de la combinaison des deux canaux qui lui paraît devoir offrir des avantages réels ; pour moi simple habitant je n'ai pas l'honneur d'être électeur; mais si la connaissance et l'étude approfondie des landes où j'ai des propriétés, jointes à un vif désir d'être utile à mon pays, me donnent le droit d'élever la voix, je souhaite que mes observations puissent être de quelqu'intérêt, et contribuer à éclairer la question soumise en ce moment à l'opinion publique.

L'idée fondamentale, l'idée mère, qui domine dans les écrits ci-dessus cités, est celle-ci : un canal de navigation et spécialement le canal de Bayonne à Bordeaux, par Lipostey, qu'on décore du nom *de Canal du duc de Bordeaux,* est l'unique, au moins le principal moyen qu'on puisse employer pour fertiliser les landes.

Cette proposition n'est sans doute pas assez évidente par elle-même pour qu'il suffise de l'énoncer.

Le lecteur attend qu'on lui explique *comment l'exécution du canal doit améliorer les landes comme par enchantement.* (Lettre d'un simple électeur).

Cependant c'est en vain qu'on cherche dans cet écrit des renseignemens positifs à ce sujet : on n'y trouve que des raisonnemens généraux sur les avantages qui résultent de la facilité des transports, au moyen des routes et des canaux de navigation, raisonnemens qui n'ont rien de spécial pour les landes et qui pourraient s'appliquer également à tout autre pays.

On remarque même peu d'accord pour la manière de considérer les landes dans l'écrit principal et dans les lettres de l'apologiste du canal et du simple électeur.

Suivant l'écrit de l'électeur, les landes seraient d'une fertilité indéfinie ; il ne leur manque que des moyens de transport, un canal de navigation pour donner des produits comparables à ceux qu'on peut obtenir du sol vierge des colonies du nouveau monde.

D'un autre côté, l'abonné au *Mémorial Bordelais* qui entreprend la défense du canal (N.° du 4 et 5 Avril), n'ayant rien à répondre aux doutes fort sensés, présentés par le rédacteur du journal, dans son article du 2 Avril, abandonne tout à fait la culture, dédaigne le produit des troupeaux, vante beaucoup les richesses minérales, et insiste particulièrement sur le produit des plantations qui doivent procurer cette abondance de combustible que réclame impérieusement l'état de l'industrie, et le simple électeur, lui-même (lettre du 7 Avril, numéro du 12), revient aux plantations et présente leurs produits comme ceux sur lesquels l'établissement du canal peut exercer la plus salutaire influence.

C'est cependant un point fort essentiel et sur lequel il serait nécessaire de s'entendre.

Avant de nous donner un canal, il est bon de savoir ce qu'on veut ou ce qu'on peut faire de nos landes, afin de juger à quoi ce canal pourra nous être utile, et comment il pourra contribuer à faciliter l'exploitation du pays.

C'est sur-tout ici qu'il faut consulter la nature et marcher avec elle, sous peine, si l'on veut se mettre en opposition, de la voir bientôt se jouer de nos vains efforts, et rendre infructueux nos impuissans travaux.

Sans doute, ce serait une grande absurdité que de prétendre que le sol des landes soit généralement propre à la culture; mais c'est également une opinion très-erronée que de soutenir qu'on ne puisse tirer d'autre parti des landes qu'en les couvrant de plantations.

L'expérience de tous les temps nous apprend que les landes paraissent être essentiellement destinées à la nourriture des troupeaux.

Sans troupeaux point d'engrais, sans engrais point de culture, cela est vrai dans tous les pays, mais spécialement et plus que partout ailleurs dans les landes.

Les espaces cultivés, les oasis qu'on y rencontre où l'on obtient double récolte, l'une de seigle, l'autre de millet, sans laisser reposer les terres, ne doivent cette fécondité qu'à l'emploi des engrais produits par les troupeaux qui paissent sur une étendue de landes dix à douze fois égale à celle du terrain en culture (1). C'est donc essentiellement vers le but principal, le perfectionnement des pâturages, l'augmentation des moyens de nourriture pour les troupeaux, que doivent être dirigées toutes les tentatives qu'on peut faire pour l'amélioration des landes.

Pour traiter la question dans toute son étendue, il faut faire connaître quel est l'état actuel des landes;

Quels sont leurs produits, quels seraient les moyens à prendre pour les améliorer ;

Quelle serait l'influence du canal projeté sur l'augmentation des produits et l'amélioration du pays.

---

(1) On peut voir à ce sujet des détails intéressans et des observations judicieuses dans l'ouvrage intitulé : *Considérations sur l'Agriculture et l'Industrie dans les landes*, par M. le baron d'Haussez, préfet. — Bayonne 1819.

On trouverait aussi des notions utiles dans un manuscrit dont le hasard nous a procuré la communication. C'est un écrit assez volumineux adressé à M. le président de Fargès, intendant de Bordeaux, en 1770, par M. Danaby, curé du Porge.

A travers quelques aperçus hasardés, l'auteur donne des renseignemens précieux sur la culture, la nourriture des troupeaux, les plantations, le desséchement et tout ce qui tient à l'amélioration des landes; c'est l'ouvrage d'un honnête homme éclairé par l'expérience, connaissant bien le pays, animé d'un grand zèle pour le bien public.

La publication de ce manuscrit, ou tout au moins celle d'un extrait bien fait de cet écrit, serait d'un grand intérêt pour ceux qui veulent former de nouveaux établissemens dans les landes.

Nous présenterons nos observations sur ce vaste sujet en traitant successivement :

1.° De la situation des landes ;

2.° Des produits des landes ;

3.° Des moyens d'améliorer les landes ;

4.° Des canaux projetés dans les landes, spécialement du canal proposé de Bordeaux à Bayonne ;

5.° Des moyens de faciliter les communications et les transports dans les landes.

Enfin, nous terminerons en présentant nos conclusions et nos vœux sur les mesures les plus convenables à prendre pour la prospérité de notre pays.

§ I.er

De la situation des landes.

Le pays des landes s'étend depuis les côtes du golfe de Gascogne à l'ouest, la Garonne au nord, l'Adour au sud, et vers l'est à la hauteur d'Aire sur l'Adour, au-delà de Gabaret et de Casteljaloux, vers les rives de la Gelise et de la Bayse, près Condom et Nérac, jusque vis-à-vis Tonneins et l'embouchure du Lot sur la Garonne.

Étendue des landes.

Cette étendue, d'environ 600 lieues carrées (lieues métriques de 5 kilomètres), comprend la majeure partie du département des Landes, une grande partie de la *Gironde*, une moindre partie du Lot-et-Garonne.

État actuel des landes.

Cette immense superficie est couverte d'une triste végétation de bruyères, de fougères, de genêt épineux, de pousses de chêne en forme de buissons incessamment broutées par les animaux, qui n'est interrompue qu'à des distances souvent assez éloignées par des bois de pins résineux.

Stagnation des eaux en hiver.

La surface des landes, sèche et aride en été, se couvre en hiver, et pendant cinq mois de l'année, d'eaux stagnantes auxquelles la pente presqu'insensible du terrain ne donne point d'écoulement.

Ces eaux acquièrent par leur séjour sur les terres incultes une qualité acre et corrosive, qui les rend malfaisantes pour la boisson des animaux et nuisibles aux terres cultivées sur lesquelles elles pourraient s'écouler.

Aussi l'un des premiers soins des propriétaires des vallées fertiles qui avoisinent les landes, c'est de se garantir de l'invasion de leurs eaux, en facilitant toutefois leur débouché vers les rivières principales.

On observe aussi que les eaux s'améliorent sur la superficie des terrains mis en culture dans les landes.

Le sol des landes généralement sabloneux n'est couvert que d'une très-légère couche de terre formée par l'accumulation des débris des végétaux.

Couche d'alios.

A douze, quinze, dix-huit pouces de profondeur, on trouve presque partout une couche de cinq à six pouces d'épaisseur d'une sorte de tuf ferrugineux, connu dans le pays sous le nom d'*alios*, au-dessous, à une profondeur indéfinie, c'est un sable blanc, plus dépourvu de particules végétatives que celui de la surface.

Les sels ferrugineux dont les eaux s'imprègnent sur la couche d'alios, se mélant aux débris des végétaux, contribuent à la mauvaise qualité que ces eaux acquièrent par leur stagnation sur la lande.

Ces deux circonstances, l'existence de la couche d'alios, et le séjour des eaux en hiver, présentent des caractères distinctifs et particuliers au pays, qu'il est essentiel d'observer.

Obstacles à la culture, aux plantations, à la multiplication des troupeaux.

On y trouve les causes des principaux obstacles qu'éprouvent la culture, les plantations, la multiplication des troupeaux dans les landes.

Ce n'est qu'avec peine que les racines des végétaux, des arbres, le chêne, le pin, peuvent quelquefois traverser la couche d'alios, presque toujours, pour cultiver, pour planter, il faut détruire, briser, même enlever cet alios, dépense considérable, et dont on ne s'indemnise qu'à la longue, par les produits.

Le séjour des eaux en hiver, nuisible aux cultures, très-préjudiciable aux semis de pins qui languissent et ne réussissent pas dans les terrains humides, arrête entièrement la multiplication des troupeaux dans les landes.

Nécessité du desséchement.

Ces troupeaux trouvent en été une nourriture suffisante, mais pour peu que l'hiver soit rigoureux, et que la saison pluvieuse se prolonge, ils périssent de misère et de faim, sur un sol couvert d'eau.

Il existe cependant des fossés de desséchement, connus dans le pays sous le nom de *Crastes.*

Avant la révolution ils étaient entretenus par corvées des habitans réunis des paroisses qu'ils traversent; depuis plusieurs années leur entretien a été souvent négligé.

D'ailleurs, dans l'état actuel, ces fossés sont insuffisans; il faut les multiplier et sur-tout les coordonner d'après l'ensemble d'un système général de desséchement.

Ce doit être l'objet d'une grande mesure réclamée depuis long-temps et qui mérite bien de fixer toute l'attention de l'administration.

§ II.

Des produits des landes.

Les principales productions des landes peuvent se ranger en quatre divisions : les produits des troupeaux, ceux de la culture, des plantations, les produits minéraux.

Nous les examinerons successivement en détail.

1.° *Produits des troupeaux.*

On est bien loin de tirer tout le parti possible des troupeaux dans les landes.

Les races sont en général petites, abâtardies, dégradées par le défaut de nourriture et de soins.

Troupeaux de vaches.

Les vaches ne donnent un veau que tous les deux ans et n'ont que très-peu de lait, dont on ne tire aucun parti, on ne les trait pas, on ne fait ni beurre ni fromage.

Chèvres.

Il en est de même des chèvres assez communes dans les landes, et qui ont de plus l'inconvénient d'être très-nuisibles aux bois.

Moutons. Laines du Médoc.

Les moutons seuls donnent des produits utiles, le commerce des laines est d'une grande importance, sur-tout dans la partie nord-ouest, les *landes du Médoc*.

Les troupeaux de moutons sont nombreux et forment la richesse du pays; mais lorsque l'hiver est rigoureux et long, que les landes ne se dessèchent pas au printemps, on perd des milliers de têtes de bétail.

Ces divers troupeaux sont en général nomades, voyageant à de grandes distances, sans abri, pendant toute l'année, sous la conduite de pâtres dont l'aspect, les mœurs, les habitudes, appartiennent tout à fait à la vie sauvage.

On les voit renouveler ce qui se passe dans les plaines de l'Amérique méridionale. Le berger tue une bête du troupeau, enlève la peau, souvent pour s'en faire un vêtement, prend un bon morceau et abandonne le reste aux loups et autres animaux carnassiers.

Chevaux sauvages.

On trouve même, sur-tout dans quelques vallons des dunes, des troupes de chevaux sauvages dont on saisit les poulains par des procédés semblables à ceux des Indiens du Paraguay.

Miels et cires.

Dans plusieurs parties des landes, on soigne les abeilles et l'on obtient des produits importans en cires et en miels qui sont versés dans le commerce.

2.° *Produits de la Culture.*

Ainsi que nous l'avons déjà observé, on ne cultive dans les landes qu'à force d'engrais, et ces engrais sont obtenus des troupeaux qu'on fait pacager sur une vaste étendue de terres incultes.

Les terres ne se reposent pas, et même on les fait produire tous les ans constamment les mêmes récoltes.

C'est d'abord du seigle qu'on sème en octobre et en Novembre, et dans les mois de Mars et d'Avril du petit millet qu'on sème parmi le seigle.

On coupe ce dernier lorsque le millet commence à paraître ; à peine celui-ci est-il mûr et recueilli qu'on resème de nouveau pour avoir encore deux récoltes l'année suivante.

On cultive le lin, le chanvre et même la vigne sur quelques points des landes.

D'après des renseignemens confirmés par l'expérience, on compte que dans une exploitation régulière de 300 journaux, on doit employer 20 journaux en terres labourables, 15 et 20 journaux en bois pour l'usage de la ferme, 10 à 15 journaux, tant en prairies que pour l'emplacement des bâtimens et le jardin du métayer, et 250 journaux en terres non cultivées pour le pacage de 250 moutons qui doivent fournir les engrais nécessaires aux 20 journaux en labour.

Depenses primitives.

Des calculs positifs établissent que les frais d'établissement d'une pareille métairie s'élèvent à la somme de.. 10,000 fr.

La valeur de la terre y entre pour une somme de 900 fr., à 3 fr. le journal, qui équivaut à un tiers d'hectare, 9 fr. l'hectare.

Une semblable métairie pour son exploitation nécessite une paire de bœufs, et le travail d'une famille de cinq individus, hommes ou femmes.

Produits.

Les produits en seigle, millets, agneaux et laines, s'élèvent à .... 1,200 fr.

Sur quoi on doit prélever au moins les deux tiers pour le métayer, la façon des terres, la garde du troupeau.

Il reste au propriétaire 400 fr. sur lesquels il doit payer les impositions, l'entretien des bâtimens, et supporter les cas fortuits, mauvaises années, maladies et pertes de bestiaux (A).

Inconvéniens de ce mode de culture.

Cette perspective n'est pas séduisante : le système est sans doute vicieux. Il faudrait, suivant les bons principes d'agriculture aujourd'hui bien connus, faire succéder les plantes à racines traçantes, à celles dont les racines sont pivotantes, les graminées aux céréales et aux légumineuses, ainsi que le recommande M. le baron d'Haussez dans l'intéressant écrit déjà ci-dessus cité.

Le curé du Porge dans son manuscrit donne des détails instructifs à ce sujet.

On peut aussi consulter avec fruit un écrit publié par ordre du ministre de l'intérieur, intitulé : *du Défrichement et de la plantation des landes et bruyères*, par J. L. Trochu, propriétaire, cultivateur, membre correspondant du conseil d'agriculture, *de l'imprimerie de Madame Huzard, Paris, Juillet* 1820.

C'est l'œuvre d'un cultivateur-pratique, qui a fait des grands défrichemens dans le canton de Belle-Isle en mer, département du Morbihan, et dont les vues paraissent également très-applicables à nos landes.

Ces divers auteurs s'accordent également à faire sentir les inconvéniens de la jouissance des terres en commun et de la sujétion du droit de parcours pour les troupeaux.

Ils réclament la division des propriétés communales, comme un des plus puissans moyens d'obtenir de meilleurs résultats.

Quoi qu'il en soit, on conçoit qu'un changement général dans le système de culture ne s'obtiendra que successivement, et ne peut être que l'ouvrage du temps, aidé par de bons exemples et des encouragemens sagement distribués (B).

Nécessité du desséchement sous le rapport de la culture.

Il est bon de remarquer qu'il est nécessaire de garantir les terres cultivées de l'invasion des eaux qui séjournent sur la lande inculte ; il faut isoler ces terres par des fossés de ceinture ; il faut aussi entretenir les *crastes* ou grands fossés pour l'écoulement des eaux des landes destinées au pacage des bestiaux.

On retrouve encore ici la nécessité du système général du desséchement dont il est question au paragraphe 1.er

Tentatives de culture dans les landes.

De grandes entreprises de culture ont été tentées dans les landes par des compagnies ou par de grands propriétaires.

Telles sont celles de la compagnie Nezer, de M. le marquis de Civrac, de M. de Belcier et plusieurs autres.

La plupart de ces entreprises ont complétement échoué.

Entreprise Nezer.

L'entreprise de la compagnie Nezer est particulièrement remarquable.

Le sieur Nezer avait su inspirer une grande confiance à des capitalistes de Paris, qui lui remirent des fonds considérables.

Il arriva dans les landes en 1765 avec un cortége nombreux d'employés, architectes, ingénieurs, commis, etc., etc. : on divisa le terrain, on établit des métairies, on se mit à cultiver, on fit aussi des plantations : on dépensa des sommes considérables en bâtimens, logemens, bureaux. La culture fut mal dirigée ; en peu d'années le capital de la compagnie fut entièrement absorbé, les produits étaient presque nuls et ne couvraient par les frais d'administration.

Tout fut bientôt en décadence complète. Sur 40,000 journaux, propriété de la compagnie, le seul résultat de ses travaux est un bois de pins d'environ 4,000 journaux.

Le tout ensemble peut valoir aujourd'hui 100,000 fr., seul reste d'un capital de 2 ou 3 millions, enfoui il y a 60 ans dans les travaux infructueux de la compagnie Nezer.

On ne peut d'ailleurs en accuser le défaut de moyens de transport, l'emplacement en était même bien choisi, sur le territoire des communes du Teich et de Gujan, à demi-lieue du bassin d'Arcachon et du port de la Teste; les chemins pour y aboutir sont faciles en toute saison; on avait pris les précautions nécessaires pour le desséchement par de grandes crastes ou fossés qui existent encore.

Causes de sa chute.

Les véritables raisons du défaut du succès de ces grandes entreprises se rapportent aux causes qui n'influent que trop souvent dans les affaires des compagnies, comme dans celles des grands seigneurs. Ce sont sur-tout, sinon l'infidélité de leurs agens, tout au moins leur prodigalité, leur négligence et leur mauvaise administration, capables de ruiner les entreprises les mieux combinées.

On connaît sans doute quelques exemples de succès dans les landes.

Ils sont dus en général à des hommes actifs et courageux qui, à force de travail et de persévérance, sont parvenus à une existence indépendante et à assurer la subsistance de leurs familles.

D'ailleurs il faut convenir que la réussite de plusieurs de ces établissemens a tenu à des circonstances particulières.

Tels sont sur la route royale N.° 10, entre Bazas et Mont-de-Marsan, à la limite du département de la Gironde et des Landes, l'établissement de la poste aux chevaux, du poteau, fait par M. le baron Poyferé de Cères;

Et sur la route départementale, N.° 4, de Bordeaux à la Teste, à mi-chemin, l'auberge de la Croix d'Hins, rendez-vous des poissonniers, gens à cheval, qui portent le poisson frais à Bordeaux.

Ces établissemens déterminent des dépôts de fumiers qui servent d'engrais pour étendre la culture sur les terres adjacentes.

Établissemens nouveaux.

Depuis plusieurs années on a sans doute observé quelques progrès dans les défrichemens des landes, au voisinage des terres anciennement cultivées.

Ils devaient même être favorisés par l'abolition des redevances en nature, sur-tout de la dîme qui, comme on sait, pèse particulièrement sur les terres ingrates à la culture.

Ces progrès sont néanmoins bien lents; seulement on peut observer des améliorations en ce genre dans la sous-préfecture de Lesparre, non loin des rives de la Gironde, dans la sous-préfecture de Bazas, vers Grignols et Villandraut, et près de Bordeaux, sur les bords de quelques routes, de la route royale de Bayonne, par les grandes landes, et de la route départementale de la Teste.

Mais pour ce dernier article ces défrichemens sont encore d'une faible importance : c'est même un phénomène bien digne de remarque que le voisinage d'une ville telle que Bordeaux, ait exercé jusqu'ici si peu d'influence sur le défrichement des landes, qui s'étendent pour ainsi dire jusqu'à ses portes.

Peut-on concevoir des moyens d'encouragement plus puissans que la consommation en tout genre de cette grande ville. D'ailleurs, les capitaux produits des bénéfices du commerce y abondent et ne cherchent qu'à se porter vers des entreprises utiles et fructueuses.

Ce n'est point par le défaut de communications que pourrait s'expliquer ce phénomène. A des distances aussi rapprochées, cette considération est sans influence; d'ailleurs, les landes jouissent du privilége des pays sabloneux, les chemins y sont généralement assez bons, même dans la saison pluvieuse.

Bruyères de la Belgique, de la Hollande.

Quoi qu'il en soit, l'exemple de ce qui se passe en cette circonstance n'est point particulier à la ville de Bordeaux : on observe la même chose pour les bruyères de la Campine, qui séparent la Belgique de la Hollande, depuis Berg-op-Zoom jusqu'à Maëstricht, pays qui a beaucoup d'analogies avec les landes de Bordeaux, et qui s'étend également presque jusqu'aux portes d'Anvers, non loin de Bruxelles et d'autres grandes villes.

Les entreprises de culture y ont éprouvé autant de difficultés que dans les landes.

Le même besoin d'engrais s'y fait sentir ; on n'a pu réussir également que dans des circonstances particulières. On y cultive du seigle qu'on emploie à faire de l'eau-de-vie de grain ; avec le résidu des distillations, on nourrit des bœufs dont le fumier sert à fertiliser les sables de la Campine.

On voit de pareilles landes au milieu du pays le mieux cultivé de l'Europe, dans la province de Flandres, entre Gand, Ypres et Bruges. De Flandres.

On en trouve au nord de l'Allemagne, au pays d'Hanovre, en France, sur-tout en Bretagne, suivant l'ouvrage ci-dessus cité de M. Trochu. Du pays d'Hanovre.

On voit dans cet ouvrage que dans le même emplacement où ce cultivateur a réussi, un grand capitaliste, M. *Bruté de Remur*, directeur des domaines du Roi, à Rennes, s'était ruiné, en voulant entreprendre des défrichemens en 1768, par les mêmes fautes qui ont amené la ruine de la compagnie Nezer. Landes de Bretagne.

3.° *Produits des plantations.*

L'arbre le plus commun, celui qui réussit le mieux dans les landes, c'est, sans contredit, le pin sauvage, *pin à deux feuilles, pin maritime.*

Il vient bien dans le sable, il ne demande aucune culture, ses racines n'ont besoin que d'une couche de six pouces de profondeur. Arbres des landes.

Le chêne vient assez facilement dans les landes; il languit pendant 25 à 30 ans; lorsqu'après ce temps ses racines ont pu percer la couche de tuf (alios), et gagner le sable qui se trouve au-dessous, il profite en grosseur, mais sa tige, d'une vilaine venue, pleine de nœuds, est peu propre pour les constructions. Chênes.

Le pin pousse assez bien généralement dans les landes; mais il ne produit pas aussi efficacement dans les terrains humides; il périt même dans ceux qui sont noyés, ou sur lesquels les eaux séjournent Pins.

trop long-temps. Il se plaît dans les sables purs du pays de Maransin (vers Bayonne).

Il végète avec vigueur dans les dunes, dès que, suivant les procédés ingénieux qu'on doit au savant Brémontier, on a fixé la surface, en arrêtant la mobilité du sable, à la couche supérieure, par une couverture de branchages.

Produits en résines.

Le parti le plus avantageux qu'on puisse tirer des plantations de pins, c'est leur exploitation pour la récolte des résines, et autres produits analogues, thérébenthine, essence, galipot, goudrons, brais.

Les nouveaux semis et plantations doivent être successivement élagués; en sorte que les arbres que l'on veut exploiter pour la résine, soient à 18 ou 20 pieds de distance, ce qui en donne environ 60 par journal, 180 par hectare.

On commence à récolter à trente ans de plantation, chaque pin donne 2 à 3 livres de résine.

La moitié de la récolte revient au propriétaire, qui doit fournir une cabane pour le résinier et les ustensiles, fourneau, chaudière pour la fonte des résines.

Dans les environs de la Teste les bois de pins s'afferment à 60 livres de résine par journal.

La résine vaut environ 6 fr. le quintal, poids de marc.

Le revenu peut être évalué à 3 fr. 60 c. par journal, 10 fr. 80 c. par hectare.

Le journal de pins en rapport vaut en général 100 fr. en capital.

Toutes les parties des landes ne sont pas également boisées.

Dans la Gironde, celle qui l'est le plus, c'est la partie du nord-est, la sous-préfecture *de Bazas*, *Villandraut*, *Préchac*, *Baulac*.

Exploitation des bois à brûler.

On y récolte cependant peu de résines, la plus grande partie des bois est exploitée en bois à brûler, et descend par le flottage sur la petite rivière du Ciron qui a son embouchure dans la Garonne, au pont de Barsac, 8 lieues au-dessus de Bordeaux.

Flottage de bois sur le Ciron.

C'est le flottage du Ciron qui alimente la grande consommation de bûches de pin qui se fait à Bordeaux, pour les boulangeries, distilleries, usines et bateaux à vapeur.

Consommation des usines, forges, verreries.

Sur d'autres points, on réduit le bois en charbon. On transporte aussi des bois, débités en planches, lattes, chevrons, merrains.

Quelques usines éparses dans les landes, forges, verreries, consomment aussi des bois de chauffage.

Commerce des résines du Maransin à Dax et Bayonne.

La partie la plus fertile en résines, est sans contredit celle du sud-ouest, *le Maransin*, *dans le département des Landes*, vers Dax et Bayonne.

Commerce des résines dans la Gironde, à la Teste.

Dans la Gironde, le marché le plus important pour le commerce des résines, c'est le port de la Teste, au bassin d'Arcachon. En 1823, on a expédié de ce port pour la Bretagne, le nord du royaune et l'étranger, 70,000 quintaux de matières résineuses.

A Lamarque, en Médoc.

La partie du nord-ouest, *landes du Médoc*, porte ses résines au marché de Lamarque, petit port sur la Gironde, à 8 lieues au-dessous de Bordeaux.

A Portets.

La partie centrale, vers Villagrains, Saint-Magne et le vallon du Gua-Mort, porte ses résines à Portets, sur la Garonne, près Castres, à 6 lieues au-dessus de Bordeaux.

Nous n'avons pas de données exactes sur l'exportation par ces deux points ; elle n'égale pas à beaucoup près celle qui a lieu par le port de la Teste, et encore moins, par conséquent, celle bien plus importante qui se fait par Dax et Bayonne.

Extension des plantations dans les landes.

Les plantations s'étendent dans les landes, particulièrement à la lisière des terrains cultivés, sur-tout dans le voisinage des grands vignobles du Médoc, Barsac, Sauterne, on sème des pins qu'on exploite en taillis à neuf ou dix ans pour faire de l'œuvre, des échalas pour la vigne.

Emploi en œuvres, échalas pour la vigne.

On est aussi encouragé à planter dans le voisinage des usines, forges, verrerie, qui offrent l'avantage de faire consommer le bois sur place sans être grevé de frais de transport.

Revenus des plantations.

Quant aux plantations, dans le but d'obtenir des récoltes de résine, on peut voir que la valeur des produits ne présente pas une perspective bien avantageuse pour cet emploi de fonds.

Le défrichement et ensemencement du journal des landes en pins, revient à 40 fr. qui représentent, par l'accumulation des intérêts au bout de trente ans, sans compter les soins et l'élaguage qu'il faut donner à la plantation, une valeur de plus de 100 fr., qui est celle du journal de pins en rapport, pour un produit annuel de 3 fr. 60 c., sur lequel il faut déduire l'entretien et remplacement des ustensiles, les impositions et cas fortuits, mauvaises récoltes, et risques d'incendie, qui ont quelquefois des suites terribles dans les forêts de pins.

4.° *Produits minéraux.*

Les richesses minérales de nos landes, au moins celles qu'on connaît et qui méritent quelque attention, se réduisent à des minerais de fer, du genre des mines d'alluvion.

Ces minerais d'assez pauvre qualité sont des débris de la couche de tuf ferrugineux-alios, si commune dans les landes, qu'on exploite sur quelques points, en mélangeant cette mine avec de vieilles ferrailles ou avec de bons minerais tirés du Périgord.

On connaît dans le département de la Gironde les forges de Béliet, Lugos, Castelnau; de même dans celui des landes celles de Pontens, Pizos, Uza, etc., etc.

Le bon marché du combustible a déterminé la formation de ces établissemens; ils sont sur-tout encouragés par la prohibition des fers étrangers.

Limites de cette exploitation de minerais.

Cependant on ne voit pas que ces usines puissent jamais prendre une grande extension, surtout si, comme on a lieu de l'espérer, le Gouvernement se décide un jour à exaucer les vœux de la nombreuse population de Bordeaux et du Midi, en admettant les produits de l'étranger, spécialement ceux du nord de l'Europe, notamment les fers en échange de nos denrées, vins, eaux-de-vie et fruits.

§ III.

Des moyens d'amélioration des Landes.

Système général de dessèchement.

On a pu voir par les détails donnés aux précédens articles, que le plus utile moyen d'amélioration qu'on puisse employer dans les landes, ce serait d'y favoriser la multiplication des troupeaux, ce qu'on n'obtiendra qu'en leur procurant une nourriture abondante et en prévenant les causes de destruction, au moyen d'un système bien combiné de desséchement général du pays pour empêcher la stagnation des eaux en hiver.

Le curé du Porge, dans le manuscrit que nous avons déjà cité, présente ses vues sur ce système général.

Méthode de culture proposée par le curé du Porge.

Il voudrait que la surface des landes fût coupée par de grands fossés de 15 à 20 pieds de largeur sur 8 à 10 de profondeur.

Les revers ou talus des fossés, sur 6 à 8 toises de largeur, seraient ensemencés en graine de pin, glands ou châtaigners.

Ces grands fossés recevraient d'autres fossés transversaux de 6 pieds de largeur et 3 à 4 de profondeur, qui diviseraient la lande symétriquement en carrés de 100 journaux, les bords de ces fossés également ensemencés; en sorte qu'au bout de dix ans de croissance, ces plantations auraient acquis 15 ou 20 pieds de hauteur et donneraient l'aspect le plus grâcieux, qui attirerait sur les landes des défricheurs pour occuper les carreaux de 100 journaux, et dans l'intervalle, ces carreaux, dont le nombre serait considérable dans toute la lande, serviraient de pacage pour les troupeaux actuels de la lande, qui s'augmenteraient au lieu de périr par le croupissement des eaux, et trouveraient en hiver comme en été des pacages abondans.

Division en carreaux de 100 journaux par des fossés.

Il pense que ces canaux ou fossés de 15 ou 20 pieds de largeur, remplis par les eaux pluviales amenées par les fossés transversaux, seraient navigables pendant six mois de l'année, et que toutes ces eaux ayant leur issue dans le bassin d'Arcachon, entraîneraient avec elles les sables qui ferment la barre du bassin et qui en obstruent l'entrée.

L'ensemencement des taluds en bois a l'avantage de les conserver et d'empêcher les éboulemens qui combleraient bientôt les fossés dans le sol friable des landes.

Le bon curé voulait que le Ministère entreprît ces travaux, qu'on y employât les bras des miliciens du Royaume ou de ceux qu'on pourrait lever dans les provinces, en y appliquant les revenus de quelques riches prieurés ecclésiastiques réunis sur la tête d'un prêtre zélé qui dirigerait les travaux ; et quand l'ouvrage serait fini, à supposer dans le terme de dix ans, résignerait ses bénéfices. Il ne fallait qu'une ou deux abbayes d'un revenu de 100,000 fr. par an, pour faire l'affaire, sans être à charge au Roi ni à l'État, à la province, ni aux particuliers, sans préjudicier personne.

Le curé avait sous les yeux l'exemple de Nezer. « *L'amélioration des landes*, dit-il, *n'est pas un fait* » *de Compagnie; les Compagnies ont des idées trop* » *chimériques dans un objet de réalité; leurs préposés* » *ont l'ame trop intéressée pour que la Compagnie s'en* » *trouve bien, et l'un et l'autre échouent en pure perte* ».

Il entre en de grands détails sur un système de culture qu'il mettait lui-même en pratique.

Rotation des récoltes

Il prend un carré de 100 journaux qu'il divise en dix parties égales.

Il commence la première année par mettre 10 journaux en patates, pommes de terre, auxquelles il fait succéder l'année suivante le blé-froment, après le seigle, puis le blé d'Espagne (maïs), millet, pois ou fèves; l'année suivante, qui est la cinquième, l'orge, l'avoine, ou les choux et les navets, en fumant alternativement tous les deux ans; après les cinq ans, il met la terre en prairie artificielle, sainfoin, luzerne ou trèfle, qu'il conserve pendant cinq ans en y faisant parquer ses bestiaux.

Produits. Il applique la même rotation de recette à chaque division de 10 journaux, d'année en année, successivement; en sorte qu'au bout de dix ans, des 100 journaux désignés, il en aura 50 en prairies et 50 en productions de blé et autres grains, qui fourniront, suivant lui, deux cent cinquante boisseaux de tous grains, deux cents barriques de patates, deux cents charrettées de foin, de quoi nourrir cinquante vaches et cent brebis, ainsi que leurs produits jusqu'à la vente, de quoi nourrir dix personnes pour faire valoir le tout et de quoi vendre deux cents boisseaux de grains.

Nous ne le suivons pas dans les détails qu'il donne sur la culture, la nourriture du bétail, l'emploi des fumiers.

Il finit par cette conclusion, qu'en suivant cette méthode on peut être assuré d'une réussite complète, mais que celui qui en fait la dépense ne doit s'attendre à en tirer de profit qu'au bout de *dix* ans.

Lui-même, qui met cette méthode en œuvre pour en donner l'exemple aux habitans, n'a pas encore retiré la moitié de la dépense, quoiqu'il y ait cinq ans qu'il l'emploie.

L'auteur donne aussi des détails sur la plantation de la vigne, la fabrication du beurre, et la salaison du bœuf avec les sels provenant des marais de Certes sur le bassin d'Arcachon.

Nécessité d'un plan général de desséchement.

On voit que ce projet de vivifier les landes tient essentiellement au système de desséchement qui doit être l'objet d'une mesure générale à prendre par l'administration, et sans laquelle on ne peut espérer qu'aucun établissement particulier puisse prospérer dans les landes.

L'exécution de ce plan ne nous paraît ni difficile, ni même dispendieuse.

Elle peut être entreprise successivement et par parties; il ne s'agit que d'améliorer ce qui existe déjà, mais d'une manière incomplète et insuffisante.

On doit profiter d'ailleurs des facilités que procure la configuration générale du pays, la situation des vallées, des rivières et ruisseaux qui traversent les landes et se dégorgent dans la Garonne, le bassin d'Arcachon et l'Adour, tels que le Ciron, l'Eau-Bourde, la jalle de Saint-Médard, la Leyre, le Bez, etc., etc.

On doit encore s'attacher à faciliter l'évacuation des eaux des étangs situés au pied des dunes, de l'un à l'autre, depuis l'étang de Hourtins jusqu'au bassin d'Arcachon.

Cette opération, d'une grande utilité, doit être commencée cette année par un canal d'évacuation des eaux de l'étang du Porge, exécuté sur les fonds consacrés à l'ensemencement des dunes.

Secours à accorder sur les fonds du Minis-

Au reste l'opération, dans son ensemble, peut être exécutée à peu de frais; on n'a plus à y

tère sur les centimes votés par le Conseil général du département.

appliquer la ressource des Abbayes, suivant le vœu du bon curé, mais il nous semble qu'on pourrait y consacrer un crédit annuel sur les fonds alloués au Ministère de l'intérieur pour l'encouragement de l'agriculture ; et sans doute que le Conseil général de la Gironde, composé d'hommes éclairés et amis du bien public, ne manquerait pas d'y concourir par une contribution sur les centimes facultatifs qui sont à sa disposition.

Amélioration des landes liée à l'exécution du plan de desséchement.

L'exécution du système de desséchement est le principal moyen qu'ait l'administration de favoriser l'amélioration des landes.

On a pu voir par ce qui précède, l'influence qu'aurait cette opération sur la multiplication des troupeaux, et même sur le perfectionnement des races dégradées qui paissent sur les landes.

A l'égard de la culture, on ne peut jamais espérer qu'elle fournisse à une exportation notable en grains, on doit seulement désirer que ses produits puissent suffire à la consommation des habitans cultivateurs, pasteurs et résiniers.

Par rapport aux plantations, on ne peut compter pour le combustible que sur les bois exploités par le flottage et sur ceux employés par les forges.

La grande consommation des bûches de pin qui se fait actuellement à Bordeaux, sera bientôt remplacée par l'emploi des houilles et charbon de terre que vont nous envoyer les rives de la Corrèze et de la Vezère, par le canal de Brives, dont l'exécution est décrétée.

Le produit le plus important des plantations est la récolte des résines.

Ces produits ne paraissent pas susceptibles d'une grande augmentation.

Nous n'avons point intérêt à trop multiplier les produits résineux.

La consommation en est bornée; la plantation des dunes augmentera beaucoup nos richesses en ce genre. Le nord de l'Europe et de l'Amérique produisent aussi en abondance les résines, la térébenthine et le goudron.

Principaux produits des landes pour l'exportation.

Il résulte de ce qui précède que les principaux produits que les landes aient à fournir au commerce et à l'exportation, consisteront toujours *en bestiaux* et *en résine*.

On a pu voir ci-dessus que les divers emplois de capitaux étrangers à des entreprises dans les landes, ne doivent pas faire espérer de grands bénéfices; c'est sur-tout de l'accumulation des capitaux provenant des produits du travail et de l'économie des habitans, qu'on peut espérer l'amélioration du pays.

§ IV.

Des canaux projetés dans les landes, du canal de Bordeaux à Bayonne, de leur influence sur la prospérité du pays.

On connaît depuis long-temps différentes directions de canaux projetés dans les landes.

On s'occupa beaucoup de ces projets en 1770 et 1773, peu de temps après les tentatives infructueuses de la Compagnie Nezer.

Projets du sieur Claveau en 1770.

Le sieur Claveau, ingénieur-géographe, employé

par Nezer, protégé par le marquis de Civrac, proposa des projets de canaux de Bordeaux à Bayonne et à la Teste, par la rivière de Leyre et le Gua-Mort, par Béliet, Saint-Magne, Villagrains et Castres.

On connaissait déjà le projet du *canal des Étangs*, qui consiste à faire communiquer de l'un à l'autre et avec le bassin d'Arcachon, les étangs situés au pied des dunes, à l'intérieur, pour établir une navigation continue de la Gironde, près Valcirac à l'Adour, sous Bayonne.

En 1779, M. de Sartine, ministre de la marine, envoya M. le baron de Charlevoix-Villers, ingénieur des Colonies, pour examiner des projets présentés par M. Guillaume de Lorthe, négociant de Bordeaux, pour l'établissement d'un port pour la marine royale au bassin d'Arcachon, pour un canal de la Teste à Bordeaux et pour la culture des landes.

Projets de M. de Lorthe et du baron Charlevoix de Villers en 1779.

Le baron de Villers se réunit pour ces projets avec le sieur Claveau et avec M. de la Roche-Crassé, commissaire des classes à la Teste.

Il proposait le tracé d'un canal qui prenait les eaux de l'étang de Cazeau et de la rivière de Leyre, contournait les hauteurs du Médoc en se soutenant de niveau pour arriver à Bordeaux.

On suivait un semblable système du côté du sud, à partir de l'étang de Cazeau pour une autre branche du canal dirigée sur Bayonne.

Ce canal recevait en passant toutes les eaux d'écoulement des landes ; on lui donnait des dimensions telles qu'il pût recevoir les plus forts bâtimens, afin de faire éviter, disait-on, aux vaisseaux, les dangers de l'embouchure de la Gironde (C).

En 1773, M. le comte de Montauzier, colonel-lieutenant du régiment d'Orléans, infanterie, avait présenté requête au conseil du Roi, aux fins d'obtenir, avec priviléges et conditions semblables à ceux accordés pour le canal de Languedoc, la concession pour l'établissement à faire, à ses frais, des canaux dans les landes : Concession sollicitée en 1773 par M. le comte de Montauzier.

1.° Le canal de Bayonne au bassin d'Arcachon, par les étangs ;

2.° Du bassin d'Arcachon par la rivière de Leyre, en remontant jusques au-dessus de Villagrains ;

3.° De Villagrains à Castres, par le vallon de Gua-Mort ;

4.° En continuant dans la vallée de Leyre, au-dessus de Villagrains jusques vers Tartas, pour aboutir à l'Adour ;

5.° Depuis l'étang de Mimisan jusque vers Trensac, pour aller joindre le précédent canal.

Tous ces projet furent renvoyés à l'examen des ingénieurs de la province.

M. Brémontier fit à ce sujet un mémoire dont on n'a pu retrouver que des fragmens incomplets.

Cependant il paraît que cet examen ne leur fut pas favorable, et l'on renonça à l'exécution de ces vastes projets.

Ces projets avaient pour auteurs et promoteurs les mêmes individus qui avaient pris part à la direction des travaux de la Compagnie Nezer.

La triste issue de cette entreprise contribua beaucoup à calmer l'enthousiasme qui s'était manifesté en faveur des canaux.

Ce fut quelque temps après qu'il fut question du

canal des petites landes, entre Nérac et Mont-de-Marsan, qui réunirait la Garonne à l'Adour par l'intermédiaire de la Bayse et Gelise, de la Douze et mi-Douze.

Ce canal ne touche pas au département de la Gironde, il est tout entier sur le territoire de Lot-et-Garonne et des Landes.

Classement des projets de canaux dans les landes.

Ainsi qu'on peut le voir, d'après les détails ci-dessus et l'inspection de la carte, les diverses directions des canaux dans les landes se rapportent à trois principales;

SAVOIR :

1.° A l'est, *le canal des petites Landes*, entre Nérac et Mont-de-Marsan;

2.° Au centre, *le canal des grandes Landes*, par le Gua-Mort, la rivière de Leyre et le ruisseau du Bez, entre Castres et Tartas;

3.° A l'ouest, *le canal des Étangs*, communiquant avec le bassin d'Arcachon, entre l'Adour et la Gironde.

Nouveau projet de canal proposé de Bordeaux à Bayonne.

Le canal nouvellement proposé de Bayonne à Bordeaux (canal du duc de Bordeaux) appartient à cette dernière classe à l'ouest des landes.

Suivant les détails que nous donne l'écrit de M. l'Electeur des landes, ce projet se rapproche beaucoup de celui présenté par le baron de Villers.

Il paraîtrait qu'il prend également les eaux de la rivière de Leyre en côtoyant le versant à l'ouest des landes, non loin des étangs, et en contournant au nord la croupe des hauteurs du Médoc pour revenir vers Bordeaux.

On ne cite cependant, même indirectement, d'autres traces de son passage que Lipostey dans le département des Landes, et Belin dans la Gironde. Tracé du canal

Dans cette situation, le canal projeté intercepte tous les cours d'eau descendant des landes vers la mer, les étangs et le bassin d'Arcachon.

Nous ne pensons pas qu'à l'exemple du baron de Villers, on veuille admettre ces eaux dans le canal.

On ne peut espérer non plus que ces cours d'eau puissent devenir navigables pendant six mois de l'année, comme le suppose le curé du Porge dans son plan de desséchement.

On ne manquera pas sans doute, suivant les principes généralement admis pour la construction des canaux de navigation, d'établir un large contre-fossé pour recevoir ces eaux, et de nombreux aquéducs pour les faire traverser sous le lit du canal.

Sans cette précaution, le lit du canal serait incessamment comblé par les dépôts de sable que charrient ces cours d'eau, et le canal lui-même pourrait devenir très-nuisible à l'utile opération du desséchement des landes. Nécessité de conserver les voies d'écoulement des landes.

D'un autre côté, il est une difficulté inhérente à tous les projets des canaux dans les landes, qui tient à la nature du sol.

M. Bremontier a remarqué que les rivières et ruisseaux des landes coulent en général dans des vallons profondément excavés. Nature du sol.

Tels sont le Ciron, la rivière de Leyre, le ruisseau de Béliet, ceux qui tombent dans les étangs de Mimisan, de Lit.

A partir de la source des ruisseaux, lorsque les

eaux de la lande sont parvenues à percer les deux premières couches (terre et alios) à 100 ou 200 toises en descendant, l'excavation est souvent de 60 ou 70 pieds de profondeur.

Il sera nécessaire de fixer les déblais et les taluds par des semis de graine de pins pour les garantir de l'action des vents, qui tendraient à rapporter les sables dans le lit du canal.

Rareté de bons matériaux.

On n'a point de bons matériaux pour la construction dans les landes.

Les bois de chêne de bonne qualité sont rares et chers. Il n'y a point de pierre de taille, point de moellon autre que le tuf ferrugineux ou alios.

On n'aurait de ressource que dans l'emploi de la brique qu'on fabrique sur plusieurs points.

Nous n'avons point de données exactes sur les travaux et les dépenses nécessaires pour l'exécution du canal projeté de Bordeaux à Bayonne.

Dépenses de construction.

Suivant ce que nous apprend l'écrit de l'Electeur, il y aurait, sur un développement de quatre-vingts lieues, trente ou quarante écluses à construire.

Mais il faut en outre une multitude d'aquéducs, épanchoirs, déversoirs, même à ce qu'on présume, un pont-canal sur la rivière de Leyre dont on ne parle pas.

Si l'on calculait d'après l'expérience des travaux du même genre pour les canaux exécutés dans le royaume, qui reviennent en général à 500,000 fr. par lieue, en réduisant même cette dépense à moitié, en raison du petit nombre des écluses et ouvrages d'art, la construction du canal de Bordeaux à Bayonne, sur quatre-vingts lieues de développemens, reviendrait à la somme de 20 millions.

Pour apprécier l'influence du canal proposé sur la prospérité du pays, il faut examiner successivement,

1.° Sa situation et l'étendue du pays qu'il peut desservir;

2.° Son utilité pour le transport des denrées produites par les landes;

3.° Son utilité pour le commerce et les transports de Bordeaux à Bayonne.

1.° *Situation du Canal, étendue du pays qu'il peut desservir.*

Ainsi que nous l'avons ci-dessus observé, le canal projeté est situé tout à fait à l'ouest des landes et s'écarte de la partie centrale.

Dans le département de la Gironde, il longe les bords du bassin d'Arcachon qui profitent de la navigation maritime pour l'exportation de leurs produits. Situation.

Vers les revers du Médoc, cette partie est par-tout à portée des bords de la rivière, et le canal ne pourra lui être d'une grande utilité.

Dans l'intervalle, entre le bassin d'Arcachon et la côte de la Gironde, la partie à droite du canal est une des plus dégarnies de bois, des moins fertiles, et qui peut le moins fournir des denrées à l'exportation.

En examinant dans l'ensemble la surface du terrain desservi par le canal, Étendue du pays desservi.

La longueur doit être évaluée, déduction faite du pays adjacent à l'Adour et à la Garonne en ligne directe, à *quarante lieues*, sur une largeur moyenne, vu le rapprochement de la côte maritime, d'environ quatre lieues.

Ce qui donne une superficie de cent soixante lieues carrées à laquelle peut s'étendre l'influence du canal.

C'est un peu plus du quart de l'étendue totale des landes qui est de six cents lieues carrées.

2.° *Utilité du Canal pour le transport des denrées produites par les Landes.*

Les troupeaux qui feront toujours, comme on l'a observé ci-dessus, la principale richesse des landes, n'ont pas besoin du canal pour être conduits au marché.

Transports des produits de la culture.

On a vu ci-dessus que les produits de la culture ne peuvent donner lieu à une grande exportation, et qu'ils seront presque toujours consommés dans le pays.

Transports des bois.

Les plantations ne pourront jamais fournir à de grands transports de bois de chauffage ; ceux qui seraient voiturés par le canal reviendraient plus chers que ceux que nous amène le flottage du Ciron.

D'ailleurs c'est aux houilles de la Corrèze qu'il est réservé de nous procurer cette abondance de combustibles, que réclame impérieusement l'état de notre industrie.

Transports des résines.

Reste le transport des résines ; indépendamment de ce qu'on ne peut y trouver l'aliment d'une navigation importante, ces transports se dirigent de l'intérieur du pays sur plusieurs points qui ne sont pas également à portée du canal.

Exportations du port de Bayonne

Le pays fertile en résines est compris dans le département des Landes ; c'est sur-tout le Maransin à portée de la mi-Douze et de l'Adour, et qui n'a pas besoin du canal pour envoyer ses produits à Dax et à Bayonne.

La partie nord du département des Landes envoie ses résines à la Teste, sur le bassin d'Arcachon ; celles-ci pourraient être dirigées par le canal. Exportation du port de la Teste.

Cependant on ne voit aucun intérêt réel à attirer sur Bordeaux l'exportation qui se fait actuellement par Bayonne et la Teste ; si même ces deux ports pouvaient concevoir quelques craintes à ce sujet, ils seraient sans doute rassurés par l'élévation des frais de transports, de magasinage, de commission, toujours plus chers dans une grande ville, qui mettraient un obstacle invincible à ce déplacement.

Quant aux établissemens de forges, si le canal pouvait faciliter le transport du bois, il leur serait plutôt nuisible qu'utile en faisant renchérir le prix du combustible. Transports de minerais.

Le transport des fers ouvrés est un objet de peu d'importance ; plusieurs forges sont éloignées du canal et ne peuvent en profiter. On a déjà vu que ces exploitations n'étaient pas susceptibles d'une grande extension.

3.° *Utilité du Canal pour le commerce et les transports de Bordeaux à Bayonne.*

Bordeaux et Bayonne communiquent entr'eux, Communication de Bordeaux à Bayonne.

1.° Par la voie de mer, le cabotage ;

2.° Par la route directe de Bordeaux à Bayonne par les grandes landes, par Bélin, le Muret, Lipostey, la Bouhère, Saint-Vincent; la distance est de trente-cinq lieues métriques;

3.° Par la route dite des *petites landes*, qui passe à Langon, Bazas, Roquefort, Mont-de-Marsan, Tartas et Dax.

La distance est de quarante-quatre lieues métriques.

On peut faire transporter les marchandises de Bordeaux à Langon par la Garonne, et de Mont-de-Marsan à Bayonne par les rivières (la mi-Douze et l'Adour). La distance par la route de terre de Langon à Mont-de-Marsan, est de *dix-sept lieues*.

Prix des transports par mer. Les transports par mer de Bordeaux à Bayonne, reviennent à 16 fr. le tonneau, 80 centimes le quintal; les assurances varient, suivant les saisons, de 1 à 2 pour cent de la valeur des marchandises.

Par terre. Les transports par terre reviennent à 3 fr. 50 c. le quintal, en dix à douze jours de route.

Par le canal. Si l'on veut calculer ce que coûteraient les transports par le canal projeté,

D'après le tarif du canal du Midi, adopté pour tous les nouveaux canaux,

Le droit du canal par quintal et par lieue, est de	2 centimes.
Le fret payé au batelier ne peut être évalué moins de	1
(C'est ce qu'on payait dans l'origine sur le canal du Midi : c'est le taux de la Garonne en descendant).	
Ensemble, par lieue	3 centimes.

Et pour les quatre-vingts lieues de navigation de Bordeaux à Bayonne,

Le transport par le canal reviendra à 2 fr. 40 c. le quintal, et quinze à seize jours de route (D).

Comparaison des divers moyens de transports.

D'après ces données, on peut juger que la voie de terre ne doit être employée que pour les marchandises précieuses, mais que le cabotage doit être préféré pour le transport des denrées encombrantes, telles que la plupart des produits du pays, *les grains, les vins*, etc., et même que cet ordre de choses ne changerait pas par l'exécution du canal projeté.

Les denrées coloniales pourraient seules supporter les frais du transport par terre ou par le canal.

La voie de terre est préférée pour les marchandises précieuses, en raison du prix de l'assurance par mer, et par l'avantage de partir à jour déterminé et d'arriver à jour fixe.

C'est par ces motifs que les denrées coloniales s'expédient par terre du Hâvre à Paris, malgré le bas prix de la navigation sur la Seine.

Le commerce direct et les transports de Bordeaux à Bayonne n'acquièrent d'importance qu'en raison de quelques circonstances particulières.

Ils en ont en ce moment, parce que l'Espagne reçoit beaucoup de denrées coloniales par le port de Bordeaux.

Ils en avaient beaucoup en temps de guerre par la nécessité d'approvisionner l'armée à Bayonne, et l'interruption de la navigation maritime.

On avait cependant la ressource des transports par eau jusqu'à Langon, et de Mont-de-Marsan sur Bayonne; il suffisait de franchir la distance des deux premiers points de dix-sept lieues par terre sur une route royale de première classe, pour laquelle le Gouvernement a fait et fait encore de grands sacrifices, et qui doit être une des plus belles du Royaume.

Canal latéral à l'Adour, proposé par M. le général Lamarque.

On a cherché à établir la liaison du canal de Bordeaux à Bayonne avec un autre canal projeté dans la vallée de l'Adour, proposé par M. le général Lamarque. (Voyez *le Mémorial Bordelais du* 12 *Avril*).

Le fait est qu'il n'y a point de relation directe entre ces deux canaux.

Bordeaux et Bayonne sont respectivement des centres commerciaux pour les pays de l'intérieur qui peuvent communiquer avec ces deux ports.

Bordeaux, Bayonne, centres respectifs de commerce et d'exportation pour les pays qui les avoisinent à l'intérieur.

L'influence de Bordeaux s'étend sur le vaste territoire qu'arrosent la Dordogne et la Garonne, et leurs nombreux affluens, l'Ille, la Vezère, le Lot, le Tarn, le Gers, la Bayse.

L'influence de Bayonne s'étend sur les pays que traverse la mi-Douze, l'Adour, la Nive.

Le projet du général Lamarque, canal latéral à l'Adour, tend à faire remonter la navigation qui s'arrête à Saint-Sever, jusques à Tarbes, au pied des Pyrénées.

C'est ainsi que le bassin commercial de Bordeaux s'est prolongé par le grand canal de Languedoc (canal du Midi), vers Narbonne et Montpellier.

Le canal de l'Adour est d'une grande importance pour le pays qu'il doit traverser.

Ce pays envoie ses produits au port de Bayonne et en reçoit en échange les denrées étrangères.

Il en est de même du pays qui correspond au port de Bordeaux.

Mais ces deux contrées n'ont nul intérêt à faire voyager par l'intérieur leurs produits de l'un à l'autre port; et l'on ne voit point de motif déterminant pour changer l'état actuel des choses, en attirant sur l'un des deux ports l'exportation qui se fait sur chacun d'eux.

D'après ces observations, abstraction faite des circonstances accidentelles, telles que l'interruption du commerce de l'Espagne avec ses colonies, et le cas d'une guerre maritime, combinée avec une guerre contre l'Espagne, nous ne voyons pas que le commerce de Bordeaux à Bayonne présente une importance suffisante pour déterminer la construction d'un canal entre ces deux points.

D'après cet examen et les observations détaillées dans les trois articles précédens on doit voir :

1.° Que le canal projeté de Bordeaux à Bayonne ne desservirait qu'une petite partie de l'étendue des landes, vers l'ouest, en s'écartant de la partie centrale qui aurait le plus grand besoin de communication ;

2.° Que ce canal ne pourrait exercer qu'une influence très-indirecte sur la prospérité du pays par le peu d'utilité qu'il aurait pour le transport des produits livrés à l'exportation ;

3.° Que le commerce de Bordeaux à Bayonne en temps ordinaire, ne peut avoir une importance suffisante pour établir une communication directe par l'intérieur au moyen d'un canal de navigation.

Il y a lieu d'ajouter, d'après ce qu'on a vu ci-dessus, que, loin de favoriser l'opération si utile du desséchement des landes, il serait fort à craindre que l'exécution du canal ne lui devînt préjudiciable, à moins qu'on ne prît les plus grandes précautions pour prévenir ce danger, en multipliant les contre-fossés et les aquéducs sous le canal pour l'évacuation des nombreux cours d'eaux et fossés d'écoulemens que le canal tendrait à intercepter.

Et d'un autre côté ce canal pourrait devenir effectivement préjudiciable au port *de la Teste*, sur le bassin d'Arcachon, en détournant sur Bordeaux une partie du commerce et des exportations qui s'y font actuellement.

Ces considérations doivent suffire pour faire apprécier et juger le projet proposé du canal de Bordeaux à Bayonne.

§ V.

Des moyens de faciliter les communications et les transports dans les landes.

Chemins des landes.

Les chemins de traverse dans les landes, vu la nature du sol sabloneux, sont en général assez bons, ou du moins il serait facile de les rendre tels avec quelques soins et des travaux peu dispendieux, qui auraient sur-tout pour objet de faciliter l'écoulement des eaux et de prévenir leur stagnation.

Transports par bouviers.

Les transports s'opèrent par voitures attelées de deux bœufs, de chétive encolure, légères et peu chargées qui traversent la lande dans toutes les directions, souvent sans suivre aucun chemin frayé pour l'exportation des denrées peu encombrantes que produit le pays, résines, laines, fers, cires, etc.

Les bœufs de trait servant au labourage comme aux transports, animaux très-précieux pour l'habitant des landes, sont aussi l'objet de tous les soins dont il est capable.

Une circonstance particulière influe sur les transports qui se font en général avec facilité et à bas prix dans les landes.

Le cultivateur, métayer, partageant à moitié avec son maître le produit de la récolte est toujours porté à détourner ses bœufs de la culture pour les employer aux transports qui lui procurent un peu d'argent dont il ne rend rien au propriétaire.

Routes royales et départementales dans les landes.

La partie centrale des landes est traversée par une route royale, N.° 132, de Bordeaux à Bayonne, par les grandes landes, par Bélin, le Muret, Lipostey, la Bouhère et par la route départementale N.° 4, de Bordeaux à la Teste par la Croix d'Hins et Lamothe.

Mais vu le défaut absolu des bons matériaux dans les landes, ces deux routes sont presque entièrement en terrain naturel et n'ont point de chaussées solides.

Route royale N.° 132 par les grandes landes.

La route N.° 132 était autrefois la communication principale de Bordeaux à Bayonne, la poste y était établie; mais à l'époque de la guerre de 1808, le gouvernement impérial voulant faciliter les communications avec l'Espagne, pour le transport et l'approvisionnement de ses armées, délaissa tout à fait la route N.° 132 pour porter tous ses soins sur la route de première classe N.° 10, dite des *petites landes*, de Bordeaux par Langon, Bazas, Mont-de-Marsan, à Bayonne.

Route royale N.° 10; route des petites landes.

Cette route dont la première partie de Bordeaux à Langon est commune avec la route sur Toulouse, et qui se rejette dans la partie de l'est des landes, est à la vérité plus longue de *neuf lieues* (la distance de Bordeaux à Langon), mais elle traverse un pays plus habité et passe par le chef-lieu du département des Landes.

Elle a aussi l'avantage de se lier avec les navigations partielles de Langon sur Bordeaux, et de Mont-de-Marsan sur Bayonne.

Ces motifs lui firent donner la préférence. Les postes furent portées de la route N.° 132 sur la route N.° 10.

Restauration de la route N.° 132.

Cependant dans l'intérêt du pays, et pour vivifier l'intérieur des landes, il serait fort utile que cette route N.° 132 fixât l'attention de l'administration et qu'elle pût faire les sacrifices nécessaires pour l'améliorer.

Achèvement de la route départementale de la Teste.

Il est également convenable que le département de la Gironde poursuive l'exécution des travaux entrepris pour la route départementale de Bordeaux à la Teste.

Système de communication en rapport avec les besoins du pays.

Ce système de communication avec les perfectionnemens convenables est suffisant dans l'état actuel, et le serait encore dans l'état d'amélioration dont le pays paraît susceptible, au moins pour long-temps.

Certes, si les vues du curé du Porge pour l'exécution du système de desséchement dont les fossés principaux seraient navigables pendant six mois, pouvaient se réaliser, ce réseau navigable qui s'étendrait vers les principaux points de l'intérieur, présenterait des avantages réels.

Mais si, comme on n'en peut douter, de pareils fossés n'auraient jamais la hauteur d'eau nécessaire pour faire flotter le plus petit bateau ; si, comme il est certain d'après les principes de construction des canaux navigables, un canal de navigation ne peut servir en même temps de canal de dessèchement, particulièrement dans un sol tel que celui des landes, nous pensons qu'un canal unique, le canal de Bordeaux à Bayonne, ne présentera jamais des avantages proportionnés aux dépenses que nécessitera sa construction.

Difficultés d'exécution d'un grand canal au point de partage.

On pourrait concevoir un système de simples canaux de dérivation dirigés de l'intérieur vers les principaux centres d'exportation du pays qui sont *Bordeaux*, la *Teste* et *Bayonne*.

Avantages de canaux partiels de dérivation.

C'est ainsi qu'on projette de prolonger la navigation de la jalle de Blanquefort, petite rivière près Bordeaux, vers Saint-Médard, dans la lande.

Canal de la jalle de Blanquefort.

On a proposé depuis long-temps la construction d'un canal de trois lieues de longueur de l'étang de Cazeau à la Teste, sur le bassin d'Arcachon.

Ce canal ferait aboutir au port de la Teste la navigation naturelle qui peut se faire sur les étangs de Cazeau, Biscarosse, Parentis et Mimisan, communiquant entr'eux sur sept lieues de longueur. Elle faciliterait les débouchés pour le nord du département des landes, trop éloigné des ports de Dax et de Bayonne.

Canal de l'étang, de Cazeau à la Teste.

L'exécution de ce canal est vivement désirée par les habitans de cette région des landes.

Plusieurs petites rivières se prêteraient également à l'établissement de canaux de dérivation.

Canaux de navigation en Angleterre.

On observe qu'en Angleterre le système des canaux se dirige en général de l'intérieur sur les ports, en se ramifiant par des embranchemens vers les villes manufacturières ou les mines abondantes, spécialement les mines de charbon.

Ces divers canaux et leurs branches sont l'ouvrage de compagnies séparées, quelquefois de simples propriétaires, entre lesquels on voit régner une louable émulation, une utile rivalité.

Chemins de fer.

Les canaux se ramifient encore avec des chemins à ornières en fer, qui pénètrent dans l'intérieur en différentes directions, même dans les montagnes pour aboutir aux mines et vont chercher les produits pour les amener aux canaux et aux ports.

Avantages qu'ils présentent.

On est même arrivé en Angleterre à cette conclusion, que les chemins de fer sont souvent préférables aux canaux, vu la facilité qu'on a de les tracer dans toutes les directions, suivant le besoin, sans être arrêté par le défaut d'eau et les difficultés causées par la configuration du sol pour le tracé des canaux, vu la facilité de les ramifier et de les faire arriver partout, sans s'assujétir aux transbordemens et rupture de charge que nécessite la combinaison des chemins soit ordinaires, soit en fer, avec les canaux.

Chemins de fer dans les landes.

S'il est un pays auquel un pareil système de chemins à ornières en fer soit applicable, c'est bien, sans contredit, celui des *landes*, sur-tout lorsqu'au moyen de l'exécution du système général de dessèchement dont nous avons démontré l'utilité, ce pays aura pu entrer dans la voie de l'amélioration.

La seule matière solide qu'on puisse trouver dans les landes, c'est le fer.

Ce fer n'est pas d'une très-bonne qualité, mais il est au moins très-convenable à la construction des ornières pour les chemins.

Chemin de fer de Bordeaux à Bayonne.

Suivant les données connues pour les chemins exécutés en Angleterre, le mille anglais (1609 mètres), revient à 1,000 livres sterlings pour un rouage, ci... 25,000 fr.

Dépenses de construction.

Pour la lieue métrique (5,000 mètres), à.. 78,000

Le double rouage par lieue reviendrait à.. 156,000

Et pour les trente-cinq lieues de Bordeaux à Bayonne, la dépense à 156,000 francs par lieue, reviendrait à......... 5,460,000 fr.

Cette évaluation comprend les dépenses de terrassemens et constructions de ponts que nécessitent ordinairement les chemins en fer. Ces travaux seraient peu considérables sur le chemin des landes, sauf le pont pour la traversée de la vallée de la Leyre.

On voit donc que la dépense pour la construction du chemin de fer de Bordeaux à Bayonne serait bien inférieure à celle du canal.

Comparaison des prix de transports.

Le prix des transports sur le chemin en fer, d'après les données acquises, doit être évalué à 5 centimes par quintal et par lieue, moitié du prix du roulage sur une bonne route ordinaire, et pour les trente-cinq lieues de Bordeaux à Bayonne, le transport par le chemin de fer reviendrait par quintal à.. 1 fr. 75 c.

On a vu ci-dessus que le transport par terre revient à 3 fr. 50 c. le quintal, et qu'il reviendrait par le canal au moins à 2 fr. 40 c.

Il en résulte que, sous tous les rapports, tant de l'économie dans les frais d'établissemens, que dans la réduction du prix du transport, le chemin en fer doit obtenir la préférence sur le canal projeté de Bordeaux à Bayonne.

CONCLUSIONS.

Nécessité d'éclairer la discussion des projets d'utilité publique.

Nous sommes entrés dans les détails renfermés dans les divisions précédentes, parce que nous partageons tout à fait l'avis de M. l'Électeur des landes sur les avantages d'une discussion franche et ouverte dans les questions d'intérêt général, parce que nous pensons qu'à l'exemple de ce qui se pratique en Angleterre, il est utile que ces discussions s'établissent dans les localités au moment où un projet est mis au jour, et qu'il est bon que les intéressés soient admis à faire valoir leurs motifs et à présenter leurs objections pour ou contre l'exécution du projet proposé.

Des travaux exécutés par des compagnies d'actionnaires.

Un semblable examen est d'autant plus nécessaire que la plupart de ces entreprises sont confiées à des compagnies, suivant le mode des sociétés anonymes et par actions.

La faveur publique s'attache à ces entreprises qu'on décore des motifs de bien public, d'intérêt général; les capitalistes y portent leurs fonds, encouragés par la certitude de n'être astreints à aucune responsabilité par-delà la valeur de leurs actions et par la facilité de réaliser et de se retirer à volonté de l'association.

L'empressement général détermine la hausse des actions au grand avantage des directeurs et promoteurs de l'entreprise; mais trop souvent l'expérience éclairant bientôt sur les conséquences de l'opération, ces valeurs baissent et la perte porte tout entière sur les actionnaires trop confians dans les beaux plans qu'on leur avait présentés.

En ce moment même, comme nous l'apprend l'Électeur (*Mémorial Bordelais* du 12 Avril), des spéculateurs parcourent les landes, achetant les terres dans le voisinage du canal projeté pour les revendre ensuite avec bénéfice.

C'est un agiotage tout à fait semblable à celui qui s'exerce sur les marchandises à livrer ou sur la rente, et dont il ne peut résulter aucun bien réel pour le pays.

Surveillance à exercer par le Gouvernement.

On doit reconnaître que le Gouvernement est bien fondé à exercer une surveillance spéciale sur les entreprises dirigées par des compagnies anonymes et par actions, lesquelles ne peuvent être établies qu'en vertu d'ordonnances royales et pour des travaux dont l'utilité est bien démontrée.

La société éprouve toujours une perte réelle par le mauvais emploi des capitaux.

Il en résulte une diminution dans les fonds employés à alimenter le travail et l'industrie; les capitaux affectés à une entreprise désavantageuse sont enlevés à d'autres emplois où ils eussent produit l'intéret ordinaire des fonds et un bénéfice légitime à ceux qui auraient dirigé le travail.

C'est même une sorte de privilége qu'on accorde aux sociétés anonymes en les dispensant des règles ordinaires et de la responsabilité qui pèse sur les autres associations commerciales ; et c'est un privilége qui ne peut être justifié que par le désir de favoriser l'exécution de grandes entreprises, qui seraient au-dessus des forces de simples capitalistes.

Quoi qu'il en soit, et d'après tout ce qui précède, on a pu voir que, dans la situation actuelle, ce n'est pas par des canaux de navigation qu'on doit espérer d'arriver au but principal, l'amélioration des landes.

Amélioration des landes considérées comme pays de pâturages.

C'est sur-tout par l'exécution du plan général de desséchement que cette amélioration peut s'opérer.

C'est ainsi que nos landes pourront être utilisées et mises en valeur, en les considérant essentiellement comme un pays de pâturage propre à élever et à nourrir de nombreux troupeaux.

Exemple de l'Angleterre.

Nous avons sous les yeux l'exemple des Anglais, qu'on s'accorde à regarder comme d'assez bons calculateurs.

Ils ont reconnu depuis plusieurs années qu'au lieu de s'obstiner à cultiver des terres ingrates, il valait mieux les consacrer au pâturage et à la nourriture des troupeaux.

Pâturages de la haute Écosse.

C'est particulièrement dans la haute Écosse que l'application de ce système a été faite dans toute sa généralité, et a donné lieu à des changemens remarquables.

Naguères encore les terres de ce pays étaient partagées entre une multitude de petits tenanciers cultivateurs qui ne rendaient aux propriétaires que de faibles redevances, presque toujours en nature, mais en revanche les payaient, pour ainsi dire, en soumission et en dévoûment, toujours prêts à prendre les armes pour leur seigneur, à marcher sous sa bannière pour combattre ses ennemis.

A la suite de l'entreprise du prince Edouard, en 1748, le gouvernement anglais, que les Écossais, conduits par la noblesse des montagnes, sous les ordres du prince, avaient fait trembler dans Londres, sentit la nécessité de rompre l'influence des seigneurs sur leurs vassaux; il fit construire une route militaire à travers le pays, avec quelques postes fortifiés, occupés par des garnisons.

Bientôt le goût du luxe pénétra dans les montagnes; le propriétaire écossais voulut avoir des revenus en argent; il passa des baux à des fermiers qui changèrent le mode de culture et mirent toutes les terres en pâturages.

Les petits tenanciers furent congédiés, et l'influence féodale détruite.

Toute cette population sans travail, réduite à la misère, est forcée de s'expatrier, et les descendans des braves montagnards, si intéressans dans les romans de Walter Scott, sont obligés d'aller cultiver le sol vierge du Canada et du Kentuckey.

C'est ce changement qui a fait dire à un auteur anglais que, dans la Grande-Bretagne, l'innocent mouton était devenu plus destructeur de l'espèce humaine que les animaux les plus féroces.

Plus heureuse que les montagnards écossais, notre population des landes n'a rien à redouter de la multiplication des troupeaux; elle ne peut qu'y gagner des moyens de travail et d'aisance.

Destination des landes pour la nourriture des bestiaux.

Sachons donc remplir notre véritable destination ; que notre contrée devienne le parc aux bestiaux pour une grande partie du midi de la France, pour le pays cultivé, pour le pays vignoble, pour les villes qui nous avoisinent ; fournissons aux armemens des ports de Bayonne, de Bordeaux, à ceux de la marine royale, aux approvisionnemens des colonies pour les troupes et pour les habitans ; soyons, en un mot, ce qu'est l'Irlande pour l'Angleterre, *les grands fournisseurs de viandes fraiches et salées.*

Nous pourrons y employer les sels de nos marais, de la pointe de Graves et du bassin d'Arcachon.

En multipliant nos troupeaux nous aurons beaucoup d'engrais ; nous pourrons livrer à la culture ces nombreux oasis *renfermés dans nos landes, dont le sol vierge et fatigué de sa virginité attend avec une sorte d'impatience qu'on l'utilise.*

Nous aurons une grande abondance de laines, de cuirs.

Nous avons encore nos miels et nos cires.

Avantages du système de desséchement des landes

A quoi tiennent ces améliorations? *Au desséchement des landes.*

Réunissons-nous donc pour obtenir de l'administration qu'on nous accorde l'exécution du plan général de desséchement, qui est tout ce qu'on peut faire de plus avantageux en notre faveur.

C'est un bienfait que nous devrons sans doute au gouvernement éclairé du Roi, une des entreprises les plus utiles qui puissent signaler son règne.

Tel est le vœu d'un simple habitant des landes.

La Teste. — Avril. — 1825.

NOTES.

(A) En suivant le détail des dépenses qui doivent entrer dans l'établissement d'une métairie ou d'un domaine qui pourrait être exploité par cinq hommes ou femmes, et une paire de bœufs, on connaîtra facilement les avantages ou désavantages qui peuvent en résulter pour ceux qui doivent en faire les frais et qui calculent sur le produit des landes.

Je suppose qu'il faut, d'après des faits constatés, pour la formation de ce domaine, trois cents journaux de fonds, dont vingt journaux en terres labourables, quinze journaux en bois pour l'usage, cinq journaux en prairies, et deux cent cinquante journaux en terrain non cultivé pour le pacage des troupeaux :

Ces trois cents journaux coûtent assez ordinairement	300 fr.	// c.
Frais de contrat et faux frais...	100	//
Rachat de la rente seigneuriale, à 10 c. par journal.	600	//
Maison du paysan.	2,000	//
Étables pour les brebis et les bœufs	1,200	//
Achat d'une paire de bœufs, avec charrette, charrue et harnais	700	//
	4,900 fr.	// c.

Report de l'autre part....	4,900 fr.	// c.
Fossés de ceinture, soit pour clore les trois cents journaux, soit pour renfermer les terres cultivées, 2,260 toises, à 50 c.........	1,130	//
Fossés de desséchement ou saignées, 3,000 toises, à 10 c........	300	//
Achat de deux cent cinquante brebis, à 8 fr.......................	2,000	//
Défrichement de vingt journaux, à 50 fr.......................	1,000	//
Défrichement de quatre journaux de prairies, à 70 fr..........	280	//
Dix ruches garnies de mouches, à 10 fr.................................	100	//
Défrichement et semailles des quinze journaux en graine de pin ou en gland, à 40 fr..............	600	//
Six boisseaux de seigle pour semence, à 9 fr......................	54	//
Un quart boisseau de millet, à 7 fr..................................	1	75
Construction d'un puits........	60	//
MONTANT des premières dépenses.	10,425 fr.	75 c.

(Le boisseau de Bordeaux répond à 4/5 o 80 c. d'hectolitre ; 80 lit. 50 c. — Le journal bordelais est d'environ un tiers d'hectare 31 ares 93 c.).

Revenus.

Les vingt journaux de terres labourables doivent produire soixante boisseaux de seigle, année courante, à 8 ou 9 fr., ci.............

	510 fr.	″ c.
Trente boisseaux de millet, à 6 fr.	180	″
Les dix ruches à miel, demi-livre de cire par ruche.............	10	″
Les deux cent cinquante moutons ou brebis, en agneaux ou en laine (une brebis doit donner une livre de laine), rapportent.......	525	″
TOTAL du produit..........	1,225 fr.	″ c.

(Extrait d'un Rapport sur les landes, de M. Bremontier, ingénieur en chef de la généralité de Bordeaux, en 1785).

(B) Il est à remarquer que ce mode de culture des landes, qu'on s'accorde à considérer comme si vicieux, se retrouve fréquemment dans de semblables circonstances.

On peut voir à ce sujet les observations intéressantes d'Adam Smith, *Traité de la richesse des Nations*, liv. 1.er, chap. II, *de l'influence de l'amélioration sur les produits bruts, deuxième classe.*

Il paraît qu'un système analogue à celui qu'on suit dans les landes était généralement en vigueur en Ecosse, qu'il n'a commencé à être abandonné que depuis l'union avec l'Angleterre (vers 1710).

Ce système est également suivi dans les nouvelles colonies de l'Amérique, aux États-Unis, au Canada.

Smith observe même qu'il ne pouvait guère en être autrement avant que l'Union eût ouvert aux bestiaux de l'Ecosse le marché de l'Angleterre, et en eût fait augmenter la valeur.

Avant cette époque, on ne voyait en Ecosse qu'une race abâtardie qui a été bien réparée depuis, moins par le mélange des races nouvelles, que par une nourriture plus abondante et plus substantielle.

Ce n'est, d'après lui, que par suite des progrès de la culture générale et de la prospérité publique que le prix du bétail peut s'élever jusqu'au taux où il devient avantageux de cultiver la terre pour nourrir des bestiaux.

Il ajoute : « Pour surmonter les obstacles que la » nature des choses oppose à l'établissement d'un » meilleur système, il faut une longue suite d'an» nées d'économie sévère et d'active industrie. Il » faut la révolution d'un demi-siècle, peut-être » même d'un siècle entier, avant que l'ancien sys» tème, qui perd chaque jour de son empire, soit » entièrement aboli dans les différentes parties de » l'Écosse ».

(C) Le canal prendrait à l'est de l'étang de Cazeaux à la profondeur de quinze pieds de son encaissement, et suivrait les contours nécessaires pour se rendre à la rivière de Leyre, sans nulle pente que la poussée d'un volume d'eau réglée qui sortirait de l'étang pour l'entretien du canal.

De la rivière de Leyre, dont le courant augmenterait la vîtesse des eaux dans le canal qui le traverserait, la côtoyerait, et contournerait ensuite le bassin d'Arcachon en venant vers *Arès*, toujours sur le même niveau qu'à son départ de Cazeaux.

Des hauteurs d'*Arès* il irait au nord jusque vers l'étang de Hourtins, en suivant toujours le même niveau qu'à son départ de Cazeaux.

Des hauteurs de l'étang de Hourtins il formerait plusieurs contours au nord-est; à l'est enfin, reviendrait vers Bordeaux selon les pentes et contre-pentes qui pourraient se rencontrer, et toujours suivant le même niveau, pris à son départ de Cazeaux et soutenu dans tout son cours, les eaux des diverses rivières et ruisseaux devant lui communiquer assez de vîtesse.

On voit aisément que par ce circuit le canal sera obligé de recevoir toutes les rivières, entr'autres celle de Leyre, qui est considérable, les ruisseaux qui prennent leur source au-dessus, et vont se dégorger aujourd'hui, soit dans le bassin d'Arcachon, soit dans les étangs du Porge, Lacanau, Carcans, Hourtins et la Garonne.

Il arriverait la même chose dans les étangs de Cazeaux, Sanguinet, Parentis, etc., jusqu'à l'Adour.

Par le jaugeage de toutes ces rivières, ruisseaux et sources dans les plus grandes sécheresses de l'été, et leur vîtesse, on connaîtra la quotité sur laquelle on pourra compter pour l'aliment des canaux et la consommation de leurs écluses.

Le canal sera également forcé de recevoir toutes les eaux pluviales des parties supérieures des landes qu'il cernera, lesquelles s'égouttent dans toutes les parties par des fossés qu'on nomme *crastes*, qui sont en très-grand nombre.

Il pourrait arriver que ces eaux supérieures pourraient me déterminer à placer le cours du canal d'environ une lieue plus élevé sur les contre-pentes des landes, ce qui le rendrait plus utile encore, et même quelque peu plus court ; mais la direction de son cours ne changerait en rien. Il y aura sur tout le cours du canal cent vingt lieues superficielles de terres qui y égoutteront chacune de 2,500 toises, qui équivalent à une superficie de 750 millions de toises, lesquelles, à raison de 2 pieds 1 pouce 6 lignes cubes d'eau, qui tombent annuellement dans cette province, font en totalité 281,289,999 toises cubes d'eau.

Les consommations, évaporations, filtrations, évaluées au deux tiers, le canal en recevrait toujours le tiers, 93,746,666 toises cubes d'eau.

(*Extrait d'un Mémoire du baron de Charlevoix-Villers, chargé d'une mission de M. de Sartine, ministre de la marine en* 1779).

(D) On ne croit pas commettre une erreur sensible en portant le poids de toutes les marchandises en circulation de Bordeaux à Bayonne à 2,000 tonneaux par an, même en temps de paix. Ainsi quatre bateaux de la contenance seulement de 50 milliers (2445 myriagrammes) chacun, qui feraient la navette sur le canal, en rempliraient complétement l'objet. C'est la rareté des armemens ou le défaut d'occasion plutôt que les risques de la mer, qui déterminent les commerçans à faire transporter par terre les denrées sur lesquelles ils trafiquent.

Les assurances, en temps de paix, se payent pour aller de Bordeaux à Bayonne, depuis 1 jusqu'à 2 pour cent de la valeur des marchandises, suivant la saison dans laquelle elles sont faites.

Le transport par mer se fait en six jours, le plus souvent en quatre, et quelquefois en trente-six heures. Dans les temps ordinaires ils ne reviennent qu'à 20 ou 30 centimes le myriagramme (20 ou 30 sous le quintal), par le canal ils ne pourraient s'effectuer qu'en douze ou quinze jours, et coûteraient au moins le double, c'est-à-dire, le prix à peu près auquel ils revenaient par le roulage avant la guerre.

(*Extrait d'un Mémoire de M. Bremontier, ingénieur en chef, sur un projet de canal de Bordeaux à Bayonne, par le sieur Dalier, lu à la séance publique de la Société des sciences, le* 11 *Pluviôse an* 8).

www.ingramcontent.com/pod-product-compliance
Ingram Content Group UK Ltd.
Pitfield, Milton Keynes, MK11 3LW, UK
UKHW020432180726
13839UKWH00003B/1446